ABHANDLUNGEN DER DEUTSCHEN AKADEMIE
DER WISSENSCHAFTEN ZU BERLIN

Klasse für Mathematik und allgemeine Naturwissenschaften
Jahrgang 1951 Nr. 3

SERGE VON BUBNOFF

NEUE GEOLOGISCHE FORSCHUNGEN IM URAL IN IHRER GRUNDSÄTZLICHEN BEDEUTUNG

MIT 8 ABBILDUNGEN

1952

AKADEMIE-VERLAG · BERLIN

Vorgetragen in der Gesamtsitzung vom 13. Dezember 1951
Zum Druck genehmigt am gleichen Tage, ausgegeben am 20. November 1952

Erschienen im Akademie-Verlag GmbH., Berlin NW 7, Schiffbauerdamm 19
Veröffentlicht unter der Lizenz-Nr. 1218
des Amtes für Literatur und Verlagswesen der Deutschen Demokratischen Republik
Kartenbeilagen: M. d. I. der Deutschen Demokratischen Republik Nr. 458/K 11
Satz und Druck: Druckerei „Magnus Poser" Zweigbetrieb, Jena
Bestell- und Verlagsnummer: 2001/51/I/3
Preis: 3,— DM
Printed in Germany

Im Mittelpunkt geotektonischer Forschung stehen heute zwei gleichsam entgegengesetzte Methoden:

Einerseits versucht man (analytisch) durch exakte Beobachtung der kleinsten Elemente eines Gesteins, welche ins Mikroskopische hinabreichen, das Gefüge dieses Gesteins als eine Abbildung von summierten Teilbewegungen zu begreifen und damit der Mechanik der Krustenbewegungen näherzukommen.

Andererseits vergleicht man (synthetisch) die Großformen der Gestaltung der Kruste untereinander, unter der Voraussetzung, daß gleiche Gesteine und gleicher Baustil auf einem gleichen Werdegang beruhen und uns daher die Gesetzmäßigkeit des Gebirgsbaues im Raume und in der Zeit offenbaren.

Ich brauche kaum zu sagen, daß solche Arbeiten auch praktische Bedeutung haben, da sie uns über das Inventar von nutzbaren Gesteinen und über die Baugrundverhältnisse im weitesten Sinne unterrichten. Während aber die Kleinbeobachtung etwa für das Aufsuchen einer Lagerstätte, den Bau eines Tunnels oder eines Staudammes unerläßlich ist, unterrichtet uns die vergleichende Gebirgsforschung über die Möglichkeiten, welche ein bestimmtes Gebiet in bezug auf seine natürlichen produktiven Kräfte bietet und wird damit zu einer wichtigen Grundlage allgemeiner Planung. Am Beispiel neuer Arbeiten über den lagerstättenreichen Ural möchte ich diesen zweiten Forschungsweg kurz skizzieren.

Es ist bekannt, daß die großen Faltengebirge der Erde sowohl in ihrer erdgeschichtlichen Entwicklung als auch in ihrem Bau und der Gesteinsverteilung Gesetzmäßigkeiten zeigen, welche sich überall und immer wiederholen und damit den Schlüssel liefern müssen für das dynamische Verständnis der Prozesse der Gebirgsbildung überhaupt. Dieser Satz gilt auch für die alten weitgehend zerstörten Gebirge, welche in früheren Zeitaltern der Erdgeschichte entstanden sind und welche einerseits den Nachteil haben, daß sie nur noch in Fragmenten erhalten sind, andererseits den Vorteil aufweisen, daß sie infolge oberflächlicher Abtragung einen Einblick in Tiefen ermöglichen, die uns in den jungen Gebirgen gar nicht zugänglich sind. Eine vergleichende Analyse von Gebirgen verschiedener Raumlage und verschiedenen Alters bietet daher die einzige Möglichkeit, um die Tiefenfortsetzung der Gebirge zu klären und damit dem Mechanismus der Gebirgsbildung näherzukommen.

Es ist ein ungünstiges Moment in der Entwicklung unserer geotektonischen Kenntnisse, daß die Betrachtung des Baues der Erde von Westeuropa ausgegangen ist und ausgehen mußte, von einem Gebiet so großer Intensität der krustalen Bewegungsvorgänge und so unerhörter Komplikation des Baues, daß hier zunächst einmal die Unterscheidung von Wesentlich und Unwesentlich, von Gesetz und Zufall schwer fiel, ja oft überhaupt nicht möglich war. Die Alpen z. B. sind ein ziemlich wirrer Knäuel von durcheinandergekneteten Gesteinsmassen, deren ursprüngliche Folge oft nahezu in das Gegenteil verkehrt worden ist; das alte variscische Gebirge Mitteleuropas wurde dagegen durch spätere Bewegungen in ein so kleinstückiges Mosaik von Einzelschollen zerlegt, daß sich schon mehrere Generationen von Geologen mit nur teilweisem Erfolg bemühen, in dieses Puzzle-Spiel wieder die ursprüngliche Ordnung hineinzubringen. Dabei fällt sofort eine wichtige Tatsache auf: die Hauptintensität der Durchbewegung erfolgt in der Alten Welt meridional, d. h. in NS-Richtung und entsprechend sind die Faltengebirge dieses ganzen Bereiches vorwiegend senkrecht dazu, OW orientiert. Sie entstanden in einer großen mittelmeerischen Senke oder Geosynklinale, welche dabei zwischen den starren Blöcken Eurasiens und Indoafrikas ausgepreßt worden ist. Die Spuren einer umgekehrt OW gerichteten Beanspruchung mit NS verlaufenden Gebirgssträngen stammen durchweg aus älterer Zeit und zeigen einen schwächeren Grad des Zusammenschubes, wie etwa das sehr alte Gebirge Norwegens und der etwas jüngere Ural. Mit dem Vorteil einer nicht übermäßig starken Durchbewegung und einer fehlenden späteren Zerstückelung verbinden diese Gebirge den weiteren Vorteil einer sehr tiefen Entblößung, welche es erlaubt, nicht nur die obere Zone des Gesteinsbrechens, sondern auch die etwas tiefere einer plastischen Durchbewegung mit Schmelzeneinpressung zu beobachten. Die tiefste Zone des Gesteinsfließens, wie sie in gewissen Teilen Skandinaviens zutage tritt, ist hier allerdings nicht erschlossen.

Als ich vor 25 Jahren an eine synthetische Betrachtung des Baues von Europa heranging, habe ich diese bewußt vom Ural ausgehen lassen, um von den einfachen Gestaltungsverhältnissen des Ostens zu der unerhörten Komplikation des westeuropäischen Baues überzuleiten. Es gelang mir damals, für die Gliederung des Urals ein Zonenschema aufzustellen, welches sich anscheinend gut bewährt hat, da es auch in den neueren russischen Zusammenfassungen gebraucht wird und auch mit den Grundzügen der westeuropäischen Zonengliederung gut in Einklang zu bringen ist. Die letzten 25 Jahre haben aber in Rußland eine derartige Fülle neuer Tatsachen bekanntgemacht, daß heute ein wesentlich präziseres Gesamtbild gezeichnet werden kann, welches für unsere Grundvorstellungen, wie mir scheint, von erheblicher Bedeutung ist. Auf einige, hierbei besonders wichtige Feststellungen möchte ich im folgenden kurz hinweisen.

Der im wesentlichen NS verlaufende Gebirgsstrang des Urals liegt zwischen den flachen, monotonen Ebenen Rußlands und Westsibiriens, welche zwei ganz verschieden gebauten Großschollen der Erde mit verschiedenem Entwicklungsgang angehören (s. Abb. 8). Im Westen liegt Fennosarmatia, ein stabiler Block mit uralter, in Skandinavien entblößter kristalliner Basis, welcher seit dem Altalgonkium, d. h. schätzungsweise seit etwa 800 Millionen Jahren, keiner Faltung unterworfen war und nur gelegentlich schwach absank, so daß sich auf ihm nur eine wenig mächtige Folge junger Gesteine von der Größenordnung von 1000—1500 m ablagern konnte. Im Osten bildet das Angaraland Sibiriens einen ähnlichen, ebenfalls seit undenklichen Zeiten stabilen Block. Zwischen beiden liegt die westsibirische Tiefebene, deren Untergrund infolge Überdeckung mit jungen Schichtgesteinen nicht sicher bekannt ist und die jedenfalls noch in jüngeren Zeiten tiefer abgesunken ist und westlich von ihr der Ural, der einen ganz abweichenden Aufbau hat und früher in der Altzeit der Erde eine Geosynklinale darstellte, d. h. einen Trog, welcher mehrere Kilometer tief absank, unter Aufspeicherung von einigen 1000 m Sedimente, dann aber, am Ende der Altzeit, zu einem gewaltigen Gebirge aufgefaltet wurde, unter Einströmen einer großen Masse von vulkanischen Schmelzen, denen der Ural seinen Ruf als eines der reichsten Erzgebirge der Welt verdankt. In diesen letzten Entwicklungsstadien hatte er manche Ähnlichkeiten mit dem Werdegang unserer Mittelgebirge, ist aber etwas jünger als diese. Die bisherige Auffassung war wohl die, daß der uralische Trog sich in einer früher einheitlichen, von Skandinavien bis zum Lenafluß reichenden stabilen Platte durch Zerspaltung und Senkung ausgebildet hat, und zwar erst in der Devonzeit, während früher hier dieselben Verhältnisse herrschten, wie in den begrenzenden Blöcken. Der Geologe sagt: die geosynklinale Entwicklung, d. h. die tiefe Senkung des Troges mit Beteiligung vulkanischer Schmelzenförderung setzte erst in der Devonzeit ein. Diese Vorstellung entspricht nicht mehr den neuen Erkenntnissen.

Die Untersuchungen der letzten beiden Jahrzehnte haben gezeigt, daß im Ural unter den durch Versteinerungen gut belegten Schichten des Devons und Silurs eine Folge von Schichtgesteinen vorhanden ist, welche mindestens 12 km Dicke erreichen kann und zum Teil zweifellos aus marinen Sedimenten besteht, die aber infolge fast vollständigen Mangels an Versteinerungen schwer zeitlich einzuordnen sind. Eine Gliederung ist aber doch möglich, da diese Folge gesteinsmäßig einen sehr charakteristischen, rhythmischen Aufbau besitzt (s. Abb. 1). Die einzelnen Serien beginnen immer mit Konglomeraten, d. h. mit grobkörnigen Anhäufungen von Abtragungsprodukten eines benachbarten Festlandes. Nach oben wird die Serie immer feinkörniger, es erscheinen Arkosen und Sandsteine, entsprechend den Absatzverhältnissen in einem flach übergreifenden Meer, dann folgen Schiefer und Kalkschiefer als Absätze eines tieferen Meeres und schließlich Kalke und Dolomite, die anscheinend wieder der Zeit einer Verflachung des Meeres angehören. Bemerkenswert ist der stellenweise hohe Gehalt an kohliger, organischer Substanz in den Sandsteinen und Schiefern und der Eisenreichtum der karbonatischen Folgen, in denen z. B. die wichtigen karbonatischen Eisenerze von Bakal auftreten, die früher ganz anders eingestuft worden sind. Nach der Ablagerung der Karbonate folgt eine deutliche Unterbrechung der Sedimentbildung mit Abtragung der vorher abgelagerten Gesteine; das entspricht also einer Hebung des Bodens, die zum Teil sogar mit gebirgsbildenden Bewegungen verbunden war, wie Winkeldiskordanzen zeigen[1]).

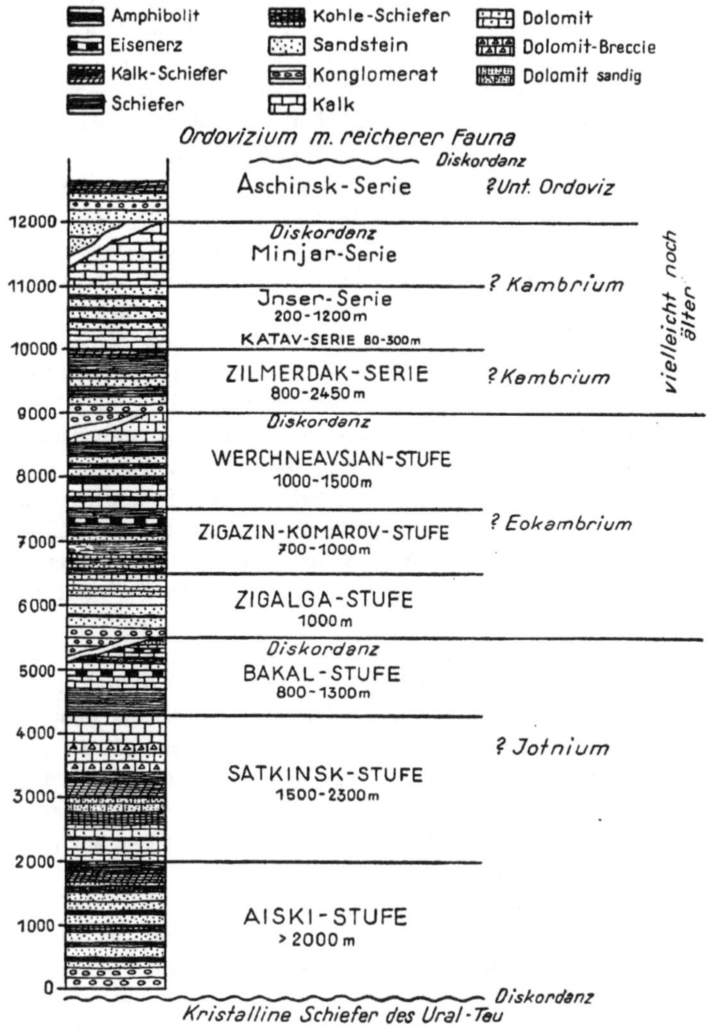

Abb. 1. Schichtenfolge des Jungpräkambriums im Südural.

Dieser Turnus wiederholt sich in ganz ähnlicher Weise viermal; an der Basis des ältesten Zyklus liegen die wesentlich stärker metamorphen kristallinen Schiefer des Uraltau, des zentralen Uralstranges. Es scheint ferner, daß die klastischen Gesteinsschichten (Sandsteine, Konglomerate) nach Osten auskeilen, so daß in dieser Richtung die Schichtenfolge weniger mächtig wird, aber aus Sedimenten tieferen Wassers besteht, in die sich in zunehmender Menge vulkanische Gesteine einschalten. Das bedeutet, daß das Sedimente liefernde Festland im Westen zu suchen ist, wo ja das alte Hochgebirge Fennosarmatias lag. Das Beckeninnere ist dagegen weiter im Osten zu suchen,

[1]) Es ist bemerkenswert, daß aus dem Ural eigentlich nur Erosionsdiskordanzen in der präkambrischen Serie gemeldet werden, während in den analogen Serien Kasakstans auch Winkeldiskordanzen vorkommen sollen. Das entspricht durchaus der weiterhin entwickelten Vorstellung, daß der Kasakstan zu einer anderen, interneren Zone des Ural-Tjen-Shan-Orogens gehört.

im zentralen Ural oder noch weiter östlich. Die Entwicklung ist typisch für die Verhältnisse von Geosynklinalen, d. h. tief absinkenden Trögen mit mobilem Boden, die stets auf der Erde als Bildungsstätten späterer großer Faltengebirge auftreten. *Im Raume des Urals hat also schon in der Zeit der Ablagerung der betrachteten Schichten ein tiefer, einige 1000 m absinkender Trog bestanden, wie er sich später in devonisch-karbonischer Zeit wieder ausgebildet hat.* Es erhebt sich nun die Frage, welches Alter diese Schichten haben.

Diskordant über ihnen liegt ein durch reichere Fossilführung belegtes unteres Silur (Ordovizium), so daß sie älter sein müssen als dieses. Nun ist zunächst behauptet worden, daß in den beiden oberen Folgen einige für das tiefere Kambrium bezeichnende kalkschalige Organismen (Archaeocyathiden) auftreten; dann würden jedenfalls die beiden unteren Folgen vorkambrisch, d. h. algonkisch sein. Neuerdings scheint man aber das kambrische Alter dieser Folgen zu bezweifeln, da einige als vorkambrisch geltenden Kalkalgen (Collenia buriatica) durch alle vier Abteilungen hindurchgehen und faßt daher alle vier Abteilungen als eine einheitliche, ripheische (von Ripheus-Ural) Formation zusammen, die dem jüngsten Vorkambrium entspricht[1]). Wie dem auch sei, jedenfalls liegt hier eine Schichtenfolge vor, welche weiter im Westen im Bereiche des stabilen Fennosarmatischen Blockes (Ost- und Nordeuropa) überhaupt nicht vertreten ist. Kambrium fehlt im Ostteil des Blockes ganz, wie übrigens auch ein großer Teil des Silurs; vom oberen Algonkium sind in Finnland lediglich kontinentale rote Sandsteine und saure Eruptivgesteine bekannt, die sogenannte Jotnische Formation, welche in fast ungestörter horizontaler Lagerung die hochmetamorphen, eng gefalteten Reste des altalgonkischen (karelidischen) Gebirgsstranges in Ostfinnland überdeckt. Fennosarmatia, der osteuropäische Block, war eben zur Zeit des jüngeren Algonkiums ein Festland, dessen Zerstörungs- und Verwitterungsprodukte nach Osten in den großen Trog des Urals abgespült und hier in der „ripheischen" Serie abgelagert worden sind. Es ist also schon in jungalgonkischer und kambrischer Zeit der stabile Block Fennosarmatias von dem mittelsibirischen Angaraland durch eine breite meridionale Senke getrennt gewesen, aus der sich später der uralische Trog der Devon-Karbonzeit und dann das Uralgebirge entwickelt haben.

Für uns hat diese Feststellung vor allem daher Interesse, weil recht ähnliche Verhältnisse auch in Mitteleuropa, insbesondere am Nordrand der Böhmischen Masse und in den alten Gebirgen Sachsens bekannt sind, wo unter dem Kambrium oder dem Ordovizium diskordant eine vorkambrische, jungalgonkische Schichtenfolge von Schiefern und marinen Sandsteinen mit basischen Ergußgesteinen (Spiliten) lagert, die jedenfalls ein marines Äquivalent des kontinentalen Jungalgonkiums in Skandinavien darstellt[2]). Stille hat vor kurzem gezeigt, daß auf der ganzen Welt das Jungalgonkium in zweierlei Fazies auftritt: jotnotyp auf den altversteiften Schildern in kontinentaler Fazies und beltotyp in den geosynklinalen Trögen in mächtiger, zum Teil mariner Ausbildung. Kennzeichnend für den ersten Typus sind rote Sandsteine und saure Erstarrungsgesteine (Granite und Porphyre), für den zweiten dunkle Schiefer und Grauwacken, auch Kalke mit basischen, subaquatischen Ergußgesteinen (Ophiolithe, Spilite usw.). Es ist das also dasselbe, was wir auch im Ural beobachten und meine schon 1930 ausgesprochene Feststellung, daß der Fennosarmatische Block schon im Präkambrium einen südlichen labileren Saum mit mächtigen Trogablagerungen gehabt hat, erfährt jetzt eine Ergänzung in bezug auf den Ostrand.

Es erhebt sich nun die Frage, ob man diese Ripheische Folge des Urals zeitlich etwas genauer einreihen kann. Mit einer gewissen Wahrscheinlichkeit läßt sich die algomische oder karelidische Faltung, welche den altalgonkischen (karelischen) Zyklus in Skandinavien abschließt, auf größenordnungsmäßig 810 Millionen Jahre veranschlagen. Der Beginn des Kambriums liegt dagegen

[1]) Der Name stammt von N. Schatski.

[2]) Die erste ausführliche Beschreibung des „Algonkiums von Prag" hat 1917 R. Kettner gegeben.

bei etwa 510 Millionen Jahren. Das ergibt einen Zeitraum von rund 300 Millionen Jahren, über den wir eigentlich recht wenig unterrichtet sind. Insbesondere schien es bisher recht auffallend, daß am Ende dieses Zeitraumes nur eine sehr schwache Faltung, d. h. keine wirkliche orogenetische Periode zu bemerken war. Eine stärkere Faltung ist erst in kaledonischer Zeit vorhanden, d. h. rund 185 Millionen Jahre später, so daß nach der bisherigen Vorstellung ein Zeitraum von über 450 Millionen Jahren vorhanden sein würde, in dem keine stärkeren Bewegungen der Erdkruste erfolgten. Diese auffallende Tatsache war ein Stein des Anstoßes für alle Theorien einer regelmäßig rhythmischen Entwicklung der Erdrinde. Durch den erwähnten, von STILLE geführten Nachweis, daß der Verlauf des jungalgonkischen Zeitabschnittes in den alten Blöcken anders war als in den Geosynklinalen, und daß in letzteren dieser Zeitabschnitt mit einer stärkeren Faltung — der assyntischen — abschloß, ist eine Gliederung möglich geworden, welche dem regelmäßigen Gang der Erdgeschichte weit besser gerecht wird. Bemerkenswert ist auch, daß die spätere, kaledonische Faltung gerade in den Gebieten fehlt, welche, wie der Ural oder Böhmen, eine stärkere assyntische Faltung aufweisen.

In Skandinavien vertreten die spärlichen roten Sedimente und die Porphyre des Hoglandiums, die Rapakiwigranite und die roten Sandsteine des höheren Jotniums, schließlich die Sandsteine und Kalke des Eokambriums in dem sogenannten Sparagmit-Feld am Mjösensee diesen jungalgonkischen Abschnitt von etwa 290 Millionen Jahren Dauer. Mit Recht haben russische Forscher betont, daß die ripheische Formation wahrscheinlich nicht einem von diesen drei Abschnitten, sondern ihrer Gesamtheit entsprechen dürfte. Dasselbe vermute ich auch bei dem Böhmischen Algonkium. Ja, es ist, wie gesagt, sogar möglich, daß im Ripheikum das Kambrium noch mit enthalten ist. Da mehrere Diskordanzen innerhalb des Ripheikums nachzuweisen sind, ist es natürlich bisher kaum möglich, eine genaue Parallelisierung vorzunehmen. Es ist denkbar, daß auch die assyntische Faltungszeit aus mehreren Phasen besteht, und es wäre zu prüfen, ob die im Ural und in Böhmen etwas stärker entwickelte jüngste unter diesen Phasen, die am Ende des Kambriums stattfand und als sardische Phase bekannt ist, vielleicht eine Schlußphase der assyntischen Gebirgsbildung, und nicht, wie bisher angenommen, eine Vorphase der kaledonischen darstellt. Die Zusammenhänge werden aber deutlicher, wenn man auch regional die Fortsetzung des uralischen „Ripheikums" nach Norden zu verfolgen versucht.

In der Gegend des Hochplateaus von Ufa biegt der meridional verlaufende Ural in weitem Bogen nach Osten aus, um dann nach NW zurückzuschwenken und schließlich wieder in seinen ursprünglichen meridionalen NS-Verlauf zurückzukehren. Man hat hier schon immer einen den normalen Gebirgsverlauf störenden Einfluß einer alten, starren Masse vermutet, doch waren die Zusammenhänge und die Mechanik der Wechselwirkung nicht klar, da im Vorlandplateau von Ufa und im Ural dieselben Schichten des Karbon und Perm verbreitet sind, so daß von einer störenden Masse an der Oberfläche nichts zu sehen ist. Die Untersuchung des uralischen Jungalgonkiums scheint die Lösung dieses Rätsels zu bringen. Es sei zunächst der allgemeine Verlauf betrachtet.

Dort, wo der Ural aus dem NW-Streichen gegen Norden zurückbiegt, zweigen von ihm niedere Ketten ab, die mehr oder weniger geradlinig nach Nordwesten fortsetzen und sich zu dem Gebirgsstrang des Timan vereinen. Im Kern der flachen Timanfalten stecken diskordant stärker gefaltete metamorphe Schiefer, deren Faltung und Metamorphose jedenfalls vorsilurisch ist, die also altersmäßig frühestens dem Kambrium angehören, wahrscheinlich aber noch älter sind. Diese Folge läßt sich nach der Halbinsel Kanin und weiterhin nach der Fischerhalbinsel am Nordrand der Halbinsel Kola verfolgen (s. Abb. 2). Hier ist eine mächtige Gesteinsfolge bekannt, berühmt durch Einschaltungen von Konglomeraten glazialen Ursprungs. Die über 4000 m mächtige Folge setzt mit kontinentalen Konglomeraten über dem Archäikum ein; es folgen Driftbildungen (Sandsteine mit einzelnen Geröllen), verfestigte Moränen (Tillite) und fluvioglaziale Bändertone. Höher liegen marine Bildungen mit Glaukonit und Karbonaten und schließlich wieder Flachwasserbildungen (Sandsteine mit Wellenfurchen), die vielleicht zum Kambrium überleiten[1]).

Die Ähnlichkeit mit dem ebenfalls zyklisch gegliederten Ripheikum des Urals ist auch gesteinsmäßig recht groß, nur scheint die Folge lediglich einem, und zwar wohl dem oberen Zyklus des Ripheikums, zu entsprechen. Wichtig ist aber, daß die gleichen Gesteinsserien weiter nach Westen verfolgt werden können und im Gebiete des Porsanger- und Altenfjordes näher bekanntgeworden sind, wo HOLTEDAHL eine ausführlichere Gliederung durchführte (Porsanger- und Bossekop-Serien) und eine Parallelisierung mit der Sparagmitformation, d. h. dem Eokambrium Südnorwegens wahrscheinlich machte. Diese mächtige Serie fehlt vollkommen auf dem Fennosarmatischen Block, welcher zu jener Zeit, genau wie das westliche Vorland des Urals, ein aufsteigendes Landgebiet war. Sie gehört also einer anderen Großeinheit an. Da die „eokambrischen“ Serien in Nordnorwegen und auf der Fischerhalbinsel südwärts auf den Block aufgeschoben sind, liegt es natürlich nahe, sie zur kaledonischen, d. h. nach dem Silur gefalteten Geosynklinale Norwegens zu stellen. Sicher ist das aber keineswegs. Erstens ist das Streichen in Nordnorwegen O—W, auf der Fischerhalbinsel sogar OSO—WNW, während das kaledonische Gebirge SSW—NNO streicht und in Nordnorwegen nach Norden (gegen Spitzbergen) abschwenkt. Zweitens fehlt auf der Fischerhalbinsel zwischen dem Sockel im Süden und dem auf ihn aufgeschobenen Eokambrium jede Spur von Paläozoikum. In Norwegen ist zwar der Fennosarmatische Sockel von einem schmächtigen Unterkambrium (Hyolithensandstein) überlagert, aber höheres Paläozoikum fehlt, so daß die Aufschiebung keineswegs jungkaledonisch zu

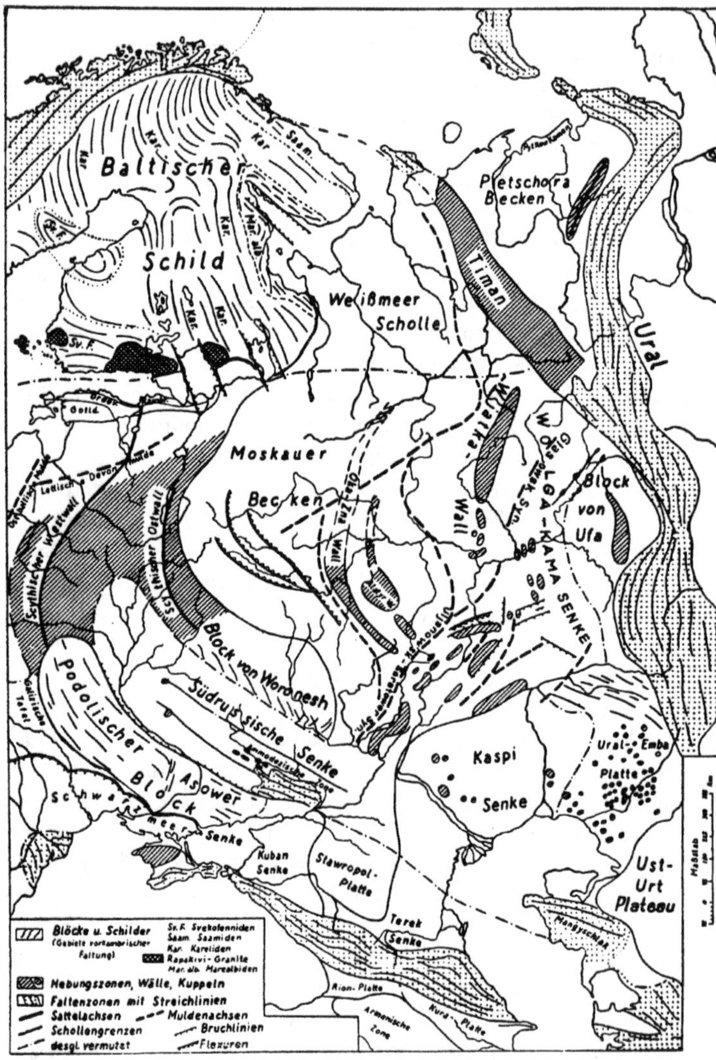

Abb. 2. Tektonische Skizze von Osteuropa.

[1]) Um die Erforschung dieser Gesteinsfolgen haben sich A. POLKANOFF (1934), E. WEGMANN (1929) und LUPANDER verdient gemacht.

sein braucht, sondern takonisch, sardisch oder sogar noch älter sein könnte, wenn man berücksichtigt, daß in Nordnorwegen, an der Verzweigung der beiden Orogene (des ostwestlichen auf der Fischerhalbinsel und des nordost-südwestlichen in den Kaledoniden) zwei Bewegungen von verschiedenem Alter ineinander greifen könnten, wie das ja auch im Ural der Fall ist. Dann könnte sehr wohl, in Übereinstimmung mit den obigen Ausführungen über die Analogien zu Böhmen, die Überschiebung auf der Fischerhalbinsel in einer assyntischen Nachphase gebildet worden sein. Wir kommen also zu folgendem Resultat:

Die Fennosarmatische Scholle ist durch eine mittelalgonkische (algomische oder karelidische) Faltung versteift worden und in spätalgonkischer bis kambrischer Zeit ein Erosionsgebiet bzw. ein Gebiet geringmächtiger kontinentaler Sedimentbildung mit Ablagerung roter Sandsteine, später mit ausgedehnten glazigenen Bildungen gewesen. Im Nordosten grenzte daran längs einem Saume, der vom Varanger Fjord über Kanin und den Timan bis nach dem Südural zu verfolgen ist, ein Gebiet ziemlich stetiger und intensiver Senkung, in dem in mehreren Sedimentationszyklen ein mächtiges Jungvorkambrium und vielleicht auch noch Kambrium abgelagert wurden, die zum Teil geosynklinalen Charakter besitzen. Diese Folgen wurden jedenfalls noch vor dem Silur gefaltet und auf den im Westen und Südwesten angrenzenden Block aufgeschoben. Diese Faltung, deren letzte Phasen vielleicht noch im Kambrium stattfanden, hat den Fennosarmatischen Block nicht betroffen. Zur Unterscheidung von den jüngeren Kaledoniden wollen wir von den Timaniden sprechen (nach dem Timangebirge).

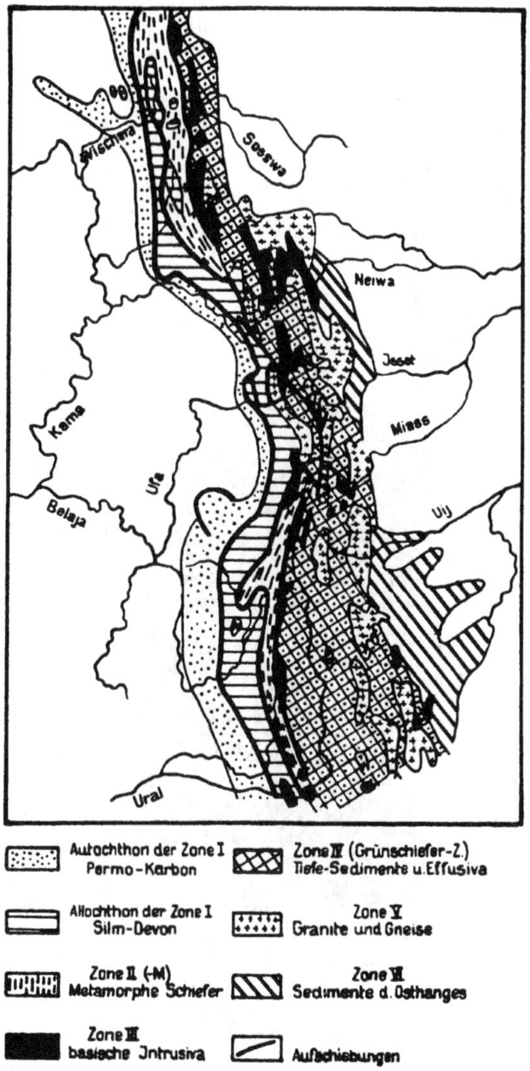

Abb. 3. Die zonale Gliederung des mittleren Ural und die Stauung am Plateau von Ufa. Nach ARCHANGELSKI.

Durch diese Beziehungen ist auch der Verlauf des Urals und sein Verhältnis zum Plateau von Ufa klargelegt. Dieses Plateau ist, was seinen Sockel oder Unterbau betrifft, der östlichste Vorsprung des starren, vorjotnisch konsolidierten Fennosarmatischen Blockes, an dem sich die Uralfalten und wohl schon die älteren vorsilurischen Falten gestaut hatten. Nördlich von Ufa, wo dieser Vorsprung nach Westen zurückweicht, branden die Uralfalten gegen Westen vor, und zwar geschieht das in einer sehr bezeichnenden Weise.

Man kann, wie ich 1926 zeigte und wie heute allgemein anerkannt ist, im Ural mehrere durchgehende Zonen mit verschiedener Gestaltungsgeschichte und mit einem verschiedenen Gesteinsinventar erkennen. Das sind von Westen nach Osten (s. Abb. 3):

I. Zone der gefalteten Sedimente (Perm-Devon) des Westhanges
II. Zone der kristallinen Schiefer
III. Zone der basischen Tiefengesteine
IV. Zone der Ophiolithe und Radiolarite
V. Zone der Granitmassive
VI. Zone der metamorphen, ostvergenten Sedimente des Osthanges.

Es zeigt sich nun, daß nördlich von Ufa, an einer NNW—SSO verlaufenden Linie, die Zonen I—IV scharf abschneiden, um weiter im Nordwesten wieder fortzusetzen. Hier liegt eine gewaltige Scherfläche oder Verschiebungsfläche vor, an der die Faltenzüge des Urals abgerissen und nach vorne geschleppt worden sind, da nördlich von Ufa der Widerstand des konsolidierten starren Sockels aufhörte; in der Fortsetzung dieser Transversalverschiebung liegt unmittelbar der Timan (s. Abb. 4). Daß die Uralfalten weiter im Norden wieder nach Norden zurückschwenken und nicht bis zum algomisch konsolidierten fennosarmatischen Saum vorrücken, wo nur die schwachen Timanfalten von ganz abweichendem Rhythmus zu sehen sind, mag daran liegen, daß dieser ausgesparte Winkel zwischen Timan, Kanin und dem Nordural schon durch die assyntischen Falten eine gewisse Versteifung erfuhr und daher dem späteren uralischen Impuls einen Widerstand entgegensetzte. Jedenfalls ist aber das Petschorabecken Nordrußlands (Großlandtundra) nicht mehr ein Teil Fennosarmatiens, da es keinen vergneisten Sockel besitzt, sondern eine mobilere Unterlage mit mächtigem, relativ schwach gefaltetem Jungalgonkium; daher bildet das Petschorabecken auch später eine mobilere, vom Zechstein bis zur Kreide mehrfach einsinkende Scholle.

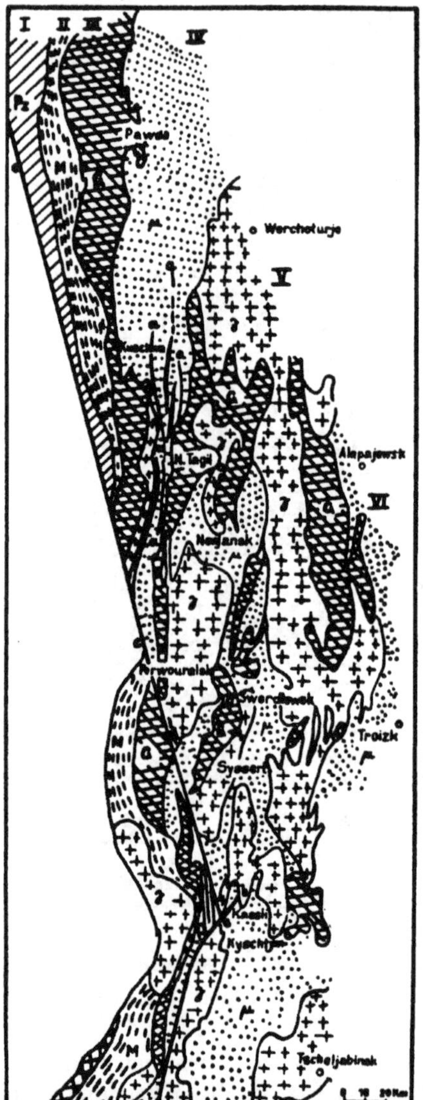

Abb. 4. Die große Querverschiebung am Plateau von Ufa im mittleren Ural. Nach KUSNETZOFF.

Bemerkenswert ist übrigens, daß die erwähnte Transversalverschiebung nur in den westlichen vier Zonen des Urals zu beobachten ist, in der östlichen Zone aber ausklingt, indem ein durch divergentes Streichen ausgesparter Raum von einem aufgedrungenen Granitmassiv eingenommen wird. Es scheint also, daß die Störung nur in der Oberkruste, über der Granitschale ausgebildet ist und daß diese Granitschale, welche in der Zeit der Faltung wohl plastisch verformbar war, als Bewegungszone gedient hat, welche zwei Stockwerke von verschiedenem mechanischem Verhalten trennte.

Uns interessieren diese Verhätlnisse infolge der zahlreichen Analogien, welche sich zu anderen europäischen Faltengebirgen ergeben. Die zonare Gliederung ist weitgehend ähnlich, indem die Zonen I und II den Helvetiden der Alpen oder den Rhenoherzyniden des Variscikums in Mitteleuropa entsprechen, die Zonen III—IV ein Analogon der Methamorphiden (Penniniden der Alpen oder Sachsothuringiden Mitteleuropas) darstellen, während in den Zonen V und VI vermutlich schon Analogien der Interniden (Ostalpen oder Moldanubische Zone Mitteleuropas) vorliegen. Was aber in Europa infolge der intensiveren Bewegung in NS-Richtung in verwickeltster Weise übereinandergetürmt wurde, liegt hier im Gebiet der schwächeren OW-Bewegungen noch in ursprünglicher Anordnung nebeneinander. Von einem Deckenbau alpiner Art mit weitgehender Überlagerung der ursprünglich nebeneinander liegenden Großzonen kann im Ural jedenfalls nicht die Rede sein, auch wenn die Überschiebungen eine größere Amplitude besitzen, als man ursprünglich angenommen hatte.

Dagegen ist die große Transversalverschiebung eine Erscheinung, die uns aus dem Aufbau des variscischen Gebirges wohl vertraut ist. Man braucht nur an die Elbtalzone bei Dresden, an die Otzbergzone im Odenwald oder die Eifelzone im Rheinischen Schiefergebirge zu denken, um Beispiele analoger Gestaltung zu finden. Hier wie dort ist die Ein- oder Vorschaltung altversteifter Massen (Erzgebirge, Böllsteiner Odenwald, Brabanter Massiv) für die Ausbildung der Scherzonen ebenso entscheidend, wie im Ural die Beziehung der Falten zum Ufaplateau, dem östlichen Sporn des altversteiften Fennosarmatiens. Grundsätzlich ähnliche Verhältnisse sind auch aus dem älteren kaledonischen Gebirge Schottlands (Great Glen Störung, siehe Cloos, Geol. Rundschau 1948, S. 116) und aus dem uralten präkambrischen Gebirge Schwedens (Småländer Linie) bekannt.

Für die Klärung der Beziehungen zwischen Fennosarmatien und dem Ural, zwischen Vorland und Faltengebirge, sind ferner Untersuchungen wichtig, die neuerdings Rushenzeff aus dem Südural veröffentlicht hat. Auch hier handelt es sich um Verhältnisse, welche aus anderen großen Faltengebirgen bekannt sind, hier aber einige wegweisende Ergänzungen erfahren. Sowohl in den jungen Gebirgen von alpinem Charakter, als auch in den „karbonischen Alpen" Mitteleuropas und in den noch älteren Faltensträngen der Erde wiederholt sich stets die Erscheinung, daß während der Faltung des Gebirges sein Vorland tief herabgedrückt wird und die so entstehende *Saumsenke* mit dem Abtragungsschutt des nun der Zerstörung ausgesetzten Gebirges aufgefüllt wird. Die Sedimente einer solchen Saumsenke zeigen entsprechend eine gesetzmäßig wiederkehrende zonare Verteilung, indem am Gebirgsrand grobe Trümmergesteine (Nagelfluhen) gebildet werden, in der Achse der Senke feinkörnigere Sandsteine, Tone und Mergel (Molassen) den Boden aufhöhen, während am Außensaum kontinentale oder epikontinentale Schelfsedimente normaler Art, meist Kalke und Dolomite, zum Absatz gelangen. In den meisten Fällen kann man aber beobachten, daß die Faltung im Laufe der Entwicklung von innen nach außen wandert und daß daher die inneren Teile der Saumsenke in einer späteren Phase auch der Faltung unterliegen, so daß die Achse der Saumsenke nach außen wandert, entsprechend der Richtung der Bewegung (Vergenz) im Faltengebirge. Dieser Prozeß scheint nun im Südural in einer fast modellartigen Klarheit abgebildet zu sein, und zwar schon beginnend mit sehr frühen Stadien, welche in den westeuropäischen Gebirgen zum Teil ein etwas abweichendes Gepräge tragen.

Im Paläozoikum, und zwar bis zum Ende des Unterkarbons, lag an Stelle des Urals ein tiefer Trog (die Geosynklinale), welcher durch mächtige Sedimente eines zum Teil recht tiefen Meeres ausgezeichnet war und damit im deutlichen Gegensatz zu den flachgründigen epikontinentalen Ablagerungen Fennosarmatiens stand, die auch eine wesentlich geringere Mächtigkeit besaßen. Im Karbon begann nun die Gebirgsbildung und damit die Hebung des Bodens der Geosynklinale. Der Trog verschwand aber nicht, sondern wurde durch die gleichzeitige Senkung des westlichen Randstreifens von Fennosarmatien nach Westen verdrängt, so daß seine Achse nach Westen wanderte, konform mit der fortschreitenden Heraushebung des Gebirges im Osten.

Schon im oberen Karbon wurde die aus kristallinen Schiefern und älterem Paläozoikum bestehende Hauptachse des Gebirges, der Uraltau, über den Meeresspiegel herausgehoben, und das Meer konzentrierte sich auf einen westlichen Randstreifen, in dem bis zu 3000 m oberkarbonischer

Gesteine abgelagert wurden. Es sind das ziemlich regellose Schüttungen von grobem Gesteinsschutt, welcher dem aufsteigenden Gebirge entnommen wird und also in der Zeit der Gebirgsbildung zur Ablagerung kommt (synorogen). Er entspricht dem, was wir in den Alpen als Flysch, im variscischen Gebirge insbesondere als Kulmfazies bezeichnen; der Gesteinscharakter ist in allen diesen Gebieten sehr ähnlich. Auffallend ist nur, daß im Ural die zonare Verteilung dieser Gesteine parallel zur Hauptachse des Gebirges deutlicher und strenger durchgeführt ist, als in vielen anderen Gebirgen, wo diese regelmäßige Verteilung mehr den postorogenen Molassen als dem synorogenen Flysch eigen ist, der meist regelloser verteilt ist. Demgegenüber zeigt sich hier schon früh die obenerwähnte charakteristische Dreiteilung in einen grobklastischen Innensaum, ein tonig-kalkiges Zentralgebiet und einen epikontinentalen Außensaum. Die eigentliche Absenkung des Fennosarmatischen Tafelrandes beginnt aber erst im Unterperm (Sakmara-Stufe), und damit greift die grobklastische Innenfazies nach Westen über die epikontinentalen Karbonsedimente über. Das untere Perm (Sakmara- und Artinsk-Stufe) erreicht im Osten 3500 m Mächtigkeit, in der Mitte des Beckens sind es nur 200 m, während im Westen die Mächtigkeit der epikontinentalen Serie infolge der Einschaltung von Riffen wieder auf 1200 m ansteigt. Die gewaltige Senkung wurde also im Osten durch Zuschüttung mit klastischem (Trümmer-) Material kompensiert; in den mittleren Teilen des Beckens reichte die Schuttzufuhr dazu nicht aus, so daß sich hier Ansätze eines tieferen Meeres ausbildeten, während im Westen wieder eine teilweise Kompensation eintrat, aber nicht durch Zuschüttung, sondern durch zoogene Riffbauten, die konform zur Senkung in die Höhe wuchsen.

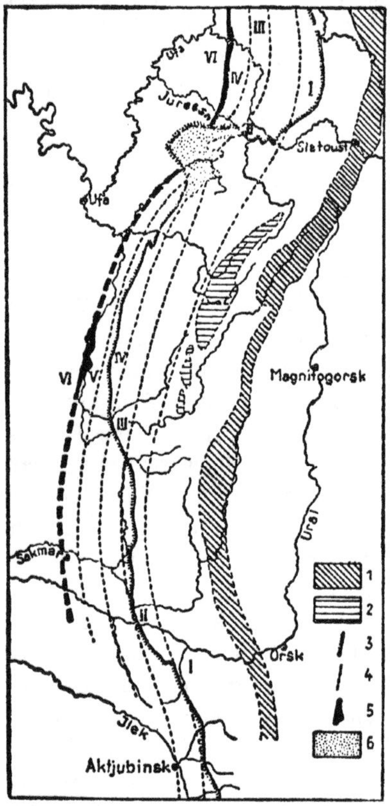

Abb. 5. Die Vorsenke des Südurals im Unterperm. Nach RUSHENZEFF. *I—VI* Faszieszonen (s. Abb. 6); *1* Uraltau; *2* Jamantau; *3* Rand der Falten; *4* Zonengrenzen; *5* Riffzone; *6* Sonderausbidung am Karatau.

Nun zeigt sich aber, daß sich die innere klastische Zone im Laufe des Paläozoikums immer weiter nach Westen verschiebt. RUSHENZEFF unterscheidet von Osten nach Westen sieben Zonen verschiedener Fazies (Gesteinsausbildung), in denen die Stufen des Oberkarbons und Unterperms fortschreitend von unten nach oben aus der klastischen in die kalkige Fazies übergehen. Die tieferen Permstufen nehmen von Osten nach Westen früher an Mächtigkeit ab und gehen früher in eine feinkörnige Fazies über. Das bedeutet, daß der Schuttkegel vom Gebirgsrand sich beckenwärts (nach Westen) verlagert hat; der Gebirgsrand steigt also weiter, verschiebt sich nach Westen, während der Randschelf herabgezogen wird. Daraus kann man entnehmen, daß die Faltung ebenfalls nach Westen wandert, was auch daraus hervorgeht, daß die unterpermischen Schichten ebenfalls gefaltet sind und daß die Faltung bis zur Achse der Vorsenke vordringt. Zwei deutliche Diskordanzen sind im Unterperm erkennbar: die eine liegt über der Sakmara-Stufe (Kargalinsk-Phase), die zweite zwischen der unteren und der oberen Artinsk-Stufe (Kiinsker Phase).

Aus dieser Schilderung geht jedenfalls hervor, daß in den Saumsenken das Gebiet stärkster Senkung, die morphologisch tiefste Depression, der Faltungsrand und der Rand des Tafelvorlandes nicht zusammenzufallen brauchen, da sie von verschiedenen Faktoren abhängen (Sedimentation, Faltung, Senkung), die nicht immer konform verlaufen. Manche Unklarheiten über den Bau und die Entwicklung der Saumsenken können mit einer ungenügenden Berücksichtigung dieses Gesichtspunktes zusammenhängen.

Deutlich ergibt sich aus der Schilderung von Rushenzeff das Wandern der Gebirgsbildung von Osten nach Westen konform mit einer gleichsinnigen Verschiebung der Saumsenke; der Rand der sarmatischen Tafel wird also fortschreitend und konform zur Gebirgsbildung herabgezogen. Mit dem Unterperm ist diese Entwicklung noch nicht beendet, nur wird die Bewegung allmählich weitspanniger und flacher. Aus der Ausbildung des höheren Perm im Osten der sarmatischen Tafel kann man schließen, daß auch noch später, anscheinend ruckweise, das Uralgebirge mitsamt der inzwischen zugeschütteten Saumsenke weiter aufgestiegen ist und eine, nun allerdings sehr flache Depression sich nach Westen, tief ins Innere der Sarmatischen Scholle, vorschob. Jedenfalls kann man im ganzen Perm Ostrußlands, ja noch in der unteren Trias, an Einstreuungen von Konglomeraten, die zweifellos vom Ural herstammen, weitere Phasen der Hebung der uralischen Zone erkennen[1]).

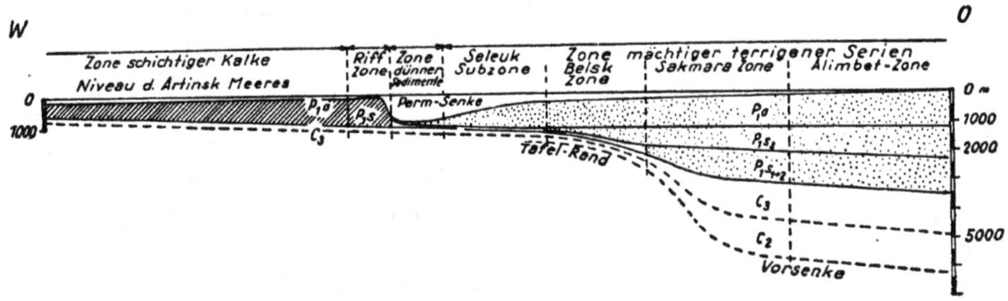

Abb. 6. Schematisches Profil durch die Fazieszonen der uralischen Saumsenke. Vgl. Abb. 5. Nach Rushenzeff.

Die Zahl der festgestellten Phasen der Gebirgsbildung ist im Ural anscheinend größer, als im variscischen Gebirge Mitteleuropas. Außerdem fällt auf, daß die nachkarbonischen Phasen hier größere Bedeutung für die Gestaltung des Gebirges haben als im Westen und daß sie konform zu der Gesamtgestaltung verlaufen, was in bezug auf die jüngsten Phasen der variscischen Tektogenese in Westeuropa nicht ganz zutrifft. Von den eben erwähnten zwei unterpermischen Phasen könnte die ältere vielleicht mit der neuerdings auch bei uns nachgewiesenen esterelischen Phase übereinstimmen; ob die jüngere (Kiinsker) Phase, oder die stärkeren Bewegungen zwischen Artinsk- und Kungurstufe, oder schließlich die Bewegung zu Ende der Kungurstufe der saalischen Phase entsprechen, ist noch nicht klar. Jedenfalls sind diese Bewegungen hier viel stärker als im Westen, und der Bewegungsrhythmus im Ural ist anders als im variscischen Gebirge. Archangelski glaubte sogar, daß noch jüngere obertriadische (altkimmerische) Bewegungen eine große Rolle spielen, doch ist diese These noch umstritten.

Die Bewegungsfolge im Ural ist feiner erfaßbar als im Westen. Das hängt damit zusammen, daß das westliche Uralvorland im Oberkarbon und Unterperm noch von einem flachen Schelfmeer bedeckt war, in dessen Absätzen die Etappen der Uralentwicklung deutlich abgebildet sind. In den lückenhaften Kontinentalbildungen Westeuropas ist das bei weitem nicht in dem Maße der Fall. Hier kann also die weitere Analyse auch noch manche tektonisch wichtigen Ergebnisse bringen.

Die Saumsenken sind oft Speicher von Nutzstoffen, man braucht z. B. nur an die Kohlenlager des Ruhrgebietes und Belgiens zu erinnern. Wenn Kohlen im Uralvorland kaum auftreten, so liegt das daran, daß dieses Gebiet klimatisch für eine Kohlenspeicherung ungünstig war, da es einer arideren Zone angehörte. Auffallenderweise treten im Norden, d. h. im Petschora-Gebiet,

[1]) Referat über neuere russische Arbeiten darüber siehe: S. v. Bubnoff, Oberperm und Trias der russischen Tafel. Geol. Rundschau **31**, 1940.

wieder Kohlen im Karbon und Perm auf, als Zeichen, daß sich hier die Saumsenke mit einer humideren Klimazone überschnitt. Dagegen sind Öl und Salz in dieser Vorsenke weit verbreitet und genetisch eng mit dem Mechanismus ihrer Bildung verknüpft. Ihre Verbreitung greift allerdings über den Rahmen der eigentlichen Saumsenke auf die östlichen Teile der russischen Tafel (Ostrussische Senke) hinaus. Die größte Konzentration scheint aber doch in der Saumsenke zu liegen.

Im Zusammenhang mit der Neugliederung des Vorkambriums, von der eben ausführlicher die Rede war, tritt nun die Frage der Fortsetzung des Urals nach Osten auf, die für die Probleme der europäisch-asiatischen Beziehungen der Gebirge grundlegende Bedeutung hat. Die unmittelbare Verbindung des Urals mit dem paläozoischen Sockel Sibiriens ist ja nicht sichtbar. Hier haben wir den klassischen Fall einer fast vollkommenen Abtragung eines Gebirges zu einer tischebenen Platte, die sich nur wenig über NN erhob und später unter jungen Sedimenten begraben wurde. Über den Bau des Sockels der westsibirischen Tafel läßt sich also *unmittelbar* nichts aussagen. Anhaltspunkte ergaben sich aber weiter im Süden. Es wird ja allgemein angenommen, wie das auch Stille 1926 dargestellt hat, daß das Uralsystem in der Gegend des Aral-Sees in das zentralasiatische Gebirgssystem des Tienschan und Altai, d. h. nach Osten umschwenkt. Auch gravimetrische Messungen im Bereiche der westsibirischen Niederung zeigen, daß die Isanomalen, welche von den tektonischen Strukturen der begrenzenden Gebirge ausgehen, unter die mesozoisch-tertiäre Decke in der Ebene fortsetzen und auch die allgemeine Umbiegung aus dem uralischen NS-Streichen im Norden zum altaischen WO-Streichen im Südwesten und Süden zeigen. Zwar sind Einzelheiten dieser Verknüpfung, die Archangelski früher in Hügelzügen südlich vom Aral-See erkennen zu können glaubte, heute zweifelhaft geworden; die stauende Wirkung des Ust-Urt-Plateaus, welches diese Umlenkung des Gebirges aus OW in SN bewirkt haben soll, ist nichts weniger als gesichert; die westlichste Uralzone könnte sogar statt nach SO nach SW abschwenken und sich mit dem Donezgebirge verbinden. Aber alle diese heute viel diskutierten Möglichkeiten ändern nichts an der Tatsache, daß die Geschichte des uralischen und des südlichen Tienschan-Troges im Paläozoikum so ähnlich verlief, daß eine bogenförmige Verbindung, eine Ural-Tienschan Geosynklinale als sicher angenommen werden kann. Im südlichen Ural zerfällt diese Geosynklinale in drei Teiltröge, von denen der äußerste (westlichste) den geschilderten typischen Charakter einer Saumsenke besitzt (Zilair-Trog), mit typischen Flysch- und Molassebildungen im Jungpaläozoikum, während die inneren durch eine enorme Flut vulkanischer und plutonischer Gesteine ausgezeichnet sind. Man kann diese Senke als Projektionen von tiefreichenden Schwächenzonen, von „Nähten" in der Erdrinde an die Oberfläche ansehen. Ihre Bedeutung liegt in der Führung von Nutzstoffen der Tiefe (Erze) und in der oberflächlichen Speicherung anderer Bodenschätze (Kohle, Erdöl, Salze) und die Untersuchung ihres Verlaufes hat daher auch praktische Bedeutung. Charakteristisch für diese Geosynklinalen ist, wie Peiwe hervorhebt, eine stets wiederkehrende Schichtenfolge mit gesetzmäßigem Fazieswechsel, den man so darstellen kann:

von oben: Molasse
Flysch
Riffe und pelitomorphe Kalke (zum Teil fehlend)
Terrigene graue marine Sedimente (detritisch)
Jaspis (Radiolarit), als Ablagerung tieferen Wassers
Spilitisch-keratophyrische Vulkanite.

Diese Folge besagt, daß nach einer Zeit intensiver Absenkung, welche mit der Bildung von tiefmarinen Sedimenten und mit vulkanischer Tätigkeit (initialer Vulkanismus) verbunden war, eine Ausfüllung des Troges mit Sedimenten abnehmender Meerestiefe folgte, später aber eine Gebirgsbildung einsetzte, welche in den schon früher erwähnten Flysch- und Molassebildungen eine Abbildung fand.

Die Geosynklinalen sind Elemente von geringer Breite (50—150 km), aber großer Längserstrekkung (oft über 1000 km), zwischen denen Hebungsstreifen mit etwas verarmter Schichtenfolge liegen. Es ist zu vermuten, daß in dem Ural-Tienschan-Bogen eine kulissenförmige Ablösung dieser Teilelemente stattfand. Etwas abweichend ist, wie wir sahen, die Entwicklung der Saumsenken, in denen aber auch ein regelmäßiger zonarer Wechsel von Karbonaten, Kohlen, Salzen, roten kontinentalen Bildungen und Molassen zu beobachten ist, nebst einem deutlichen Wandern der Faziesgürtel von innen nach außen.

Nun zeigt sich aber, daß im nördlichen Tienschan und im Kasachstan, d. h. nördlich bzw. östlich von dem betrachteten Bogen in der gleichen Zeit eine abweichende Entwicklung bestand. Auch hier ist eine Unterlage von jungpräkambrischen (ripheischen) Schichten vorhanden, welche denen des Urals genau gleichen. Mit deutlicher Winkeldiskordanz diesen auflagernd und ebenfalls an einzelne große Senken gebunden, liegen hier aber faziell anders gestaltete Serien, deren Aufbau man nach PEIWE so charakterisieren kann:

von oben: kohlehaltige Bildungen
organogene detritische Kalke
terrigene rote kontinentale Bildungen
Porphyrdecken (subaerisch)
terrigene graue marine Ablagerungen.

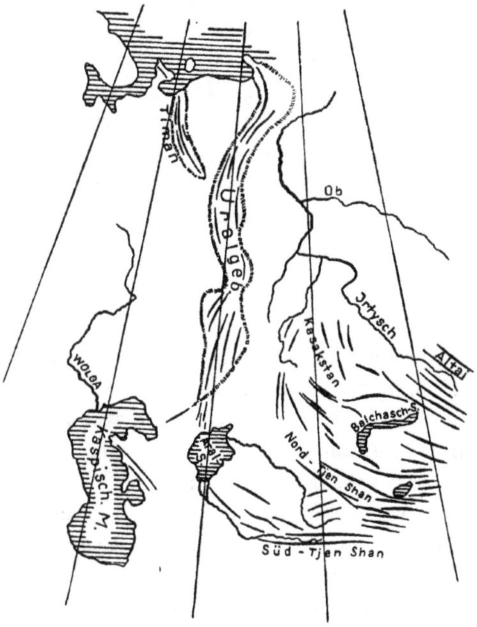

Abb. 7. Die Beziehungen des Urals zu Zentralasien.

Die flacheren, zum großen Teil kontinentalen und klastischen Sedimente und die ganz abweichende Fazieszusammenstellung und Magmenführung unterscheiden diese Folgen deutlich von den Geosynklinalen. Trotzdem ist der rhythmische, sich regelmäßig wiederholende Charakter der Sedimentation deutlich. Nach PEIWE sind diese Schichtfolgen an große, elliptisch gestaltete Mulden gebunden, welche einen Durchmesser von 50 bis 500 km haben und also weniger stark in die Länge gezogen sind, wie die eigentlichen Geosynklinalen. PEIWE bezeichnet sie als Brachygeosynklinalen und gibt an, daß zwischen ihnen relativ schmale Hebungszonen verlaufen. Diese brachygeosynklinale Entwicklung herrscht also dort, wo sich eine ältere stärkere Faltung (in diesem Falle die jungalgonkische oder assyntische) ausgewirkt hat und wo demgemäß die Mobilität des Bodens herabgesetzt worden ist. Die brachygeosynklinale Entwicklung kann Formationen, ja ganze Ären überdauern, während die echten Geosynklinalen kurzlebiger sind. Die Intensität der Tektogenese bleibt in den Brachygeosynklinalen gering.

Während also die Gebirgszüge des südlichen Tienschan und des Bergaltai im Jungpaläozoikum eine typische geosynklinale Entwicklung aufweisen, welche von hier im Bogen nach dem westlichen und zentralen Teil des Uralgebirges fortsetzt, entsprechen die inneren Teile der Altaiden, d. h. Kasachstan und Nordtienschan, dem brachygeosynklinalen Typus. Es ist bei dieser Lage durchaus wahrscheinlich, daß diese „Zone der Brachygeosynklinalen" westwärts auch parallel dem Ural-Tienschan-Bogen nach Norden abschwenkt und als „Interniden-Zone" des Urals den Sockel der westsibirischen Ebene bildet. Wir hätten hier also den assyntisch gefalteten Saum des sibirischen Angaraschildes zu suchen, welcher in dem Paläozoikum eine brachygeosynklinale

Entwicklung durchlaufen hat und während der Uralfaltung einer internen Zone von herabgesetzter Mobilität angehörte. Die eigentliche mobile Uralgeosynklinale würde also nach Peiwe zwischen den karelidischen (algomischen, d. h. altalgonkischen) Falten Fennosarmatiens und dem assyntisch gefalteten Saum des Angaraschildes liegen[1]).

Die Konzeption der Brachygeosynklinalen läßt sich auch nach Europa, insbesondere in das jungpaläozoische oder variscische Faltungsgebiet übertragen. In der großen Prager Mulde oder dem sogenannten Barrandien, deren vorkambrische Entwicklung ich schon früher erwähnt habe, besteht eine Folge des Paläozoikums, welche auffallend an den brachygeosynklinalen Typus Peiwes erinnert. Auch hier liegt die Folge mit assyntischer Diskordanz dem Jungalgonkium auf, welches, wie gesagt, positionell und faziell viele Analogien zum Ripheikum des Urals zeigt. Auch hier ist die variscische Faltung gering und der ganze Bereich kann der Innenzone der Varisciden zugewiesen werden (Moldanubikum). Es ist nicht ausgeschlossen, daß auch andere, bisher schwer deutbare Fragmente des variscischen Gebirges sich als Brachygeosynklinalen deuten lassen, z. B. die Karnischen Alpen.

Dabei wäre allerdings die Frage zu stellen, ob nicht die Brachygeosynklinalen nur einen Sonderfall der längst bekannten Parageosynklinalen darstellen, d. h. von Senken mit geringerer Mobilität und schwächerem Magmatismus als die Orthogeosynklinalen und mit kontinentaler bis flachmariner, allerdings zuweilen mächtiger Sedimentation. Sowohl Innensenken, wie Niederschlesien, Saargebiet, als auch mesozoische Tröge, wie der saxonische Trog Niedersachsens und manche tertiäre Becken könnten zu dieser Kategorie gehören.

Zusammenfassend kann gesagt werden, daß die bisherige Auffassung von dem uralischen Orogen, d. h. von dem relativ schmalen meridionalen Trog, der sich in devonischer Zeit zwischen den alten Kontinenten Fennosarmatia und Angaraland ausbildete, um dann durch die jungpaläozoische Faltung ausgepreßt zu werden, einer Revision bedarf. Die Senke zwischen Fennosarmatia und Angaraland ist schon uralt, d. h. sie hat schon im jüngeren Präkambrium, größenordnungsmäßig vor 800 Millionen Jahren, bestanden. Damals bildete das Uralgebiet den Westflügel einer riesigen Senke von ozeanischen Ausmaßen, welche ganz Westsibirien umfaßte und von dort bogenförmig nach Zentralasien weiterzog. Am Ende das Vorkambriums waren aber die größeren östlichen und nördlichen, an das Angaraland angrenzenden Teile dieser Senke durch gebirgsbildende Bewegungen teilweise konsolidiert und die eigentliche tiefere Senke schrumpfte zu dem relativ schmalen Bande der uralischen Geosynklinale zusammen, die also eine Art Restsenke zwischen dem alten Fennosarmatia im Westen und dem assyntisch konsolidierten Anbau von Angaraland im Osten darstellt, also keine durch Regeneration neugebildete Geosynklinale, sondern ein Relikt ist. Nur in diesem Streifen hat sich aber die jungpaläozoische Faltung frei ausgewirkt; weiter im Osten, in Westsibirien, entstand anscheinend auf früher konsolidierter Basis eine Art Zwischengebirge mit viel schwächerem Faltenwurf. Ob jenseits desselben, im Erzaltai und am Jenissei, ein mobilerer jungpaläozoischer Gegenflügel besteht, sei dahingestellt.

Stille hat 1926 die Vorstellung eines doppelseitigen ural-amurischen Orogens entwickelt, dessen Bewegung im Westen gegen Fennosarmatia, im Osten gegen Angaria gerichtet ist. Die Frage dürfte heute noch nicht ganz spruchreif sein, da manche entscheidende Daten, insbesondere über die Vergenz fehlen. Da im östlichen Ural die Vergenz schon deutlich nach Osten gerichtet ist, weiter östlich aber, in der westsibirischen Ebene, Unterlagen fehlen, so ist noch nicht zu entscheiden, ob die „uralamurische" Scheitelung im Ural verläuft, d. h. dem Westsaum stark

---

[1]) Eine starke Beteiligung von vorpaläozoischen Gesteinen am Aufbau der Westsibirischen Niederung hat Nalivkin schon 1933 angenommen, unter Hinweis auf den klastischen Charakter des osturalischen mittleren Paläozoikums, der ein Hochgebiet weiter im Osten wahrscheinlich macht.

genähert ist, oder ob das ganze Orogen in mehrere Teiltröge mit mehrfachem Vergenzwechsel zerfällt, was ja schließlich im Variscikum auch der Fall ist. Jedenfalls zeigt sich deutlich im Verlauf der älteren Erdgeschichte ein Wandern der Faltung im Westsibirisch-Uralischen Raum, wobei die Faltung von Osten nach Westen fortschreitet, d. h. auf den Fennosarmatischen Schild gerichtet ist.

Mechanisch ist also bemerkenswert, daß die gebirgsbildende Bewegung nicht gleichzeitig diese ganze Senke erfaßte, sondern daß ein distaler Teil (im Sinne der Vergenz) übrigblieb, der erst bei einer späteren Orogenese überwältigt wurde. Das zeigt, daß die Bewegung in den Senken erlöschen kann, d. h. nicht ohne weiteres auf die benachbarten stabilen Schollen übertragen wird, sondern daß die mobilen Geosynklinalen eine Art „Pufferwirkung" ausüben, indem sie die gebirgsbildenden Impulse auffangen und zum Ausklingen bringen können.

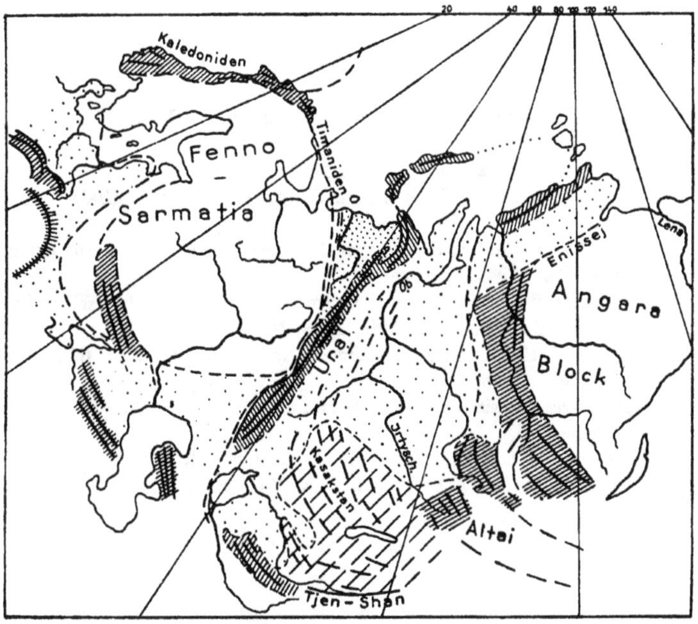

Abb. 8. Der Ural-Tienshan-Bogen und die beiden Kerne Eurasiens. Weiß-präkambrisch konsolidiert.

Es sei zum Schluß nochmals auf die lagerstättenkundliche Bedeutung der einzelnen Gestaltungsformen der Erdrinde hingewiesen. Während die Saumsenke, d. h. die Grenze von Geosynklinale und Vorland, durch eine Speicherung von Kaustobiolithen (Kohle und Erdöl) und Salzen ausgezeichnet ist, findet man in dem labilsten inneren Teil der Geosynklinalen Erzlagerstätten, welche mit den hier geförderten basischen Eruptivgesteinen verknüpft sind: Chrom, Nickel, Edelmetalle der Platingruppe, zum Teil auch Kupfer. Dagegen sind die „Interniden" und damit auch die Brachygeosynklinalen mit ihrer bevorzugten Förderung von granitischen Schmelzen durch gangförmige Lagerstätten von Buntmetallen und Goldlagerstätten ausgezeichnet. Da die hydrothermalen Erzgänge sich vorwiegend im Dach der granitischen Intrusionen befinden, sind sie allerdings im Falle tiefgehender Abtragung der Gebirge vielfach der Zerstörung anheimgefallen. Das muß bei der praktischen Auswertung der geotektonischen Position berücksichtigt werden. Die relative Armut des Urals an Buntmetallen der Blei-Zinkgruppe, welche dagegen in den Brachygeosynklinalen des Kasakstan und Altai häufiger sind, muß auf diese Verhältnisse zurückgeführt werden.

Schrifttum

1. A. Archangelski, Geologischer Bau und geologische Geschichte der UdSSR. Staatsverlag Moskau 1941 (russisch).
2. S. von Bubnoff, Geologie von Europa, Bd. I. Berlin 1926.
3. E. Kusnetzoff, Geologie der Grünsteine des östlichen Hanges des mittleren Urals. Geol. Inst. d. Akad. d. Wiss. 1939 (russisch).
4. K. Lwoff, Die vorkambrischen und unterpaläozoischen Ablagerungen des Urals. In: Erläuterungen zur geol. Karte des Urals 1: 500000, 1940 (russisch).
5. A. Peiwe, Typen und Entwicklung paläozoischer Strukturen des Ural-Tienshan'schen Geosynklinalgebietes. Isvestja Akad. d. Wiss. UdSSR, Geol. Serie, 1948, Nr. 5 (russisch).
6. W. Rushenzeff, Die faziellen Hauptzonen des Sakmara-Artinskkomplexes im Südural. Isvestja Akad. d. Wiss. UdSSR, Geol. Serie, 1948, Nr. 1 (russisch).
7. H. Stille, Über europäisch-zentralasiatische Gebirgszusammenhänge. Nachr. d. Ges. f. Wiss. Göttingen. Math.-naturw. Kl. 1928.
8. — Geotektonische Gliederung der Erdgeschichte. Abh. Preuß. Akad. d. Wiss. 1944. Math.-naturw. Kl. Nr 3.
9. — Die assyntische Faltung. Ztschr. d. Dtsch. Geol. Ges., Bd. 98, 1946.

GEOLOGIE

Zeitschrift für das
gesamte Gebiet der Geologie und Mineralogie
sowie der angewandten Geophysik

Mit Beiheften

Herausgegeben von der

Staatlichen Geologischen Kommission der Deutschen Demokratischen Republik

Eine einheitliche, regelmäßig erscheinende geologische Zeitschrift fehlte bisher in Deutschland. Die GEOLOGIE hilft diesen Mangel beseitigen und steht als Zweimonatszeitschrift für wissenschaftliche Forschung und deren Anwendung auf den Gebieten

Geologie / Mineralogie / Petrographie / Lagerstättenkunde / Paläontologie / Angewandte Geophysik / Geochemie / Hydrogeologie und Ingenieurgeologie

den Wissenschaftlern der Deutschen Demokratischen Republik, Westdeutschlands und des Auslandes zur Verfügung.

Die GEOLOGIE erscheint im Format 17 × 24 cm zweimonatlich.

Die Hefte sind im Abonnement oder auch einzeln durch die Deutsche Post oder den Buchhandel zu beziehen.

Der Preis jedes Heftes beträgt DM 4,–

Die Beihefte zur GEOLOGIE dienen der Veröffentlichung größerer Arbeiten, die bisher u. a. in den Veröffentlichungsreihen des Geologischen Dienstes (Abhandlungen des Geologischen Dienstes / Archiv für Lagerstättenforschung / Mitteilungen aus den Laboratorien des Geologischen Dienstes) abgedruckt wurden. Die Beihefte bilden also die Fortsetzung dieser drei Schriftenreihen, deren Wert sowohl in Deutschland als auch im Auslande allgemein anerkannt wird.

Die Beihefte zur GEOLOGIE erscheinen in zwangloser Folge.
Ihr Preis richtet sich je nach dem Umfang und beträgt DM 3,— bis DM 6,—

Bestellungen an eine Buchhandlung oder den Verlag erbeten

AKADEMIE-VERLAG · BERLIN NW 7

www.ingramcontent.com/pod-product-compliance
Lightning Source LLC
LaVergne TN
LVHW081351011026
849161LV00013BB/3050